KB102834

LEON

수프와 샐러드 그리고 스낵

자연식 패스트푸드 레시피

LEON

Soups, Salads & Snacks

NATURALLY FAST RECIPES

헨리 딤블비 · 케이 플런켓 호그 · 클레어 탁 · 존 빈센트 지음 | Fabio(배재환) 옮김

수프와 샐러드 그리고 스낵

자연식 패스트푸드 레시피

시작하며

레온*의 신념은 음식이란 맛있고, 건강에도 좋아야 한다는 것입니다. 우리는 누구나 편리하게 이와 같은 식생활을 누리도록 하고 싶었죠.

이 책의 레시피들은 구하기 쉬운 몇 가지의 재료로만 구성되어 있고, 별다른 준비 없이도 재빨리 만들 수 있는 음식들입니다. 투자한 시간만큼 확실히 보상하는 '베니의 스카치 에그(44쪽 참조)'와 '안나의 치즈 엠파나다(46쪽 참조)'를 제외하면, 조리 시간이 20분 이상 걸리지 않습니다.

풀 사이즈 레온 요리책에서 간추린 이 작은 책의 레시피들은 조리가 빠른 반면, 다양하게 만들 수 있도록 구성되었습니다. 수프는 향기롭고 이국적인 '애플의 페르시안 양파 수프(10쪽 참조)'부터 포근함과 위안을 느끼게 하는 '베이컨과 뿌리채소 수프(23쪽 참조)'에 이르기까지 다양합니다.

'샐러드' 장에서는 여러분이 즐겨보는 인기 TV쇼 프로그램 시간에 딱 맞춰 저녁식사를 차릴 수 있는 엄청나게 빠르고, 완벽한 요리들을 찾을 수 있을 겁니다. '양파 피클을 곁들인 콩 샐러드(26쪽)'나 '고등어를 올린 샐러드(39쪽 참조)'를 만들어보세요. 한여름 점심식사로 즐길 수 있는 최상의 레시피를 원한다면 '로라의 보석 샐러드(28쪽 참조)'를 추천합니다.

'스낵' 장에서는 출출한 때 가볍게 즐길 수 있는 약간의 아이디어를 드립니다. '조지아의 달걀 감자(48쪽 참조)', '토스트 토핑(54쪽 참조)' 등을 참고하여 독특한 토핑을 만들어 볼 수도 있고, 재빨리 만들 수 있는 '딥(57~59쪽 참조)'이나 레온의 인기 절정 메뉴인 '피시 핑거 랩(52쪽 참조)'도 만들 수 있습니다.

어떤 레시피가 여러분의 마음을 사로잡을지 모르지만, 여러분이 이 작은 책을 두고두고 이용했으면 합니다. 책의 귀퉁이가 구겨지고 소스로 얼룩지더라도, 이 책에 담긴 20년의 시간이 여러분의 사랑을 받으며 부엌 한 켠에 오랫동안 남기를 바랍니다.

해피 쿠킹!

– 헨리와 존

✔ 레온(LEON): 50여 개의 지점을 가진 영국의 자연식 패스트푸드 레스토랑.(http://leon.co/)

SOUPS

– 수프 –

애플의 페르시안 양파 수프
Apple's Persian Onion Soup

4인분 · 준비 시간 10분 · 조리 시간 40분 · ♥ ♣ WF GF DF

컨디션이 좋지 않을 때 안성맞춤인 애플의 인기 만점 레시피입니다.

- 양파 4개
- **올리브 오일** 2큰술
- **터메릭가루**(강황가루) 1작은술(수북하게)
- **말린 페누그릭*** 1작은술(수북하게)
- **말린 민트** 1작은술
- **닭 육수**(또는 채소 스톡) 1L
- **시나몬 스틱** 1개
- **레몬즙** 레몬 ½개 분량
- **소금, 갓 갈아놓은 후추**

✓ 페누그릭(Fenugreek)
: 호로파 씨앗. 고대부터 존재한 콩과의 식물로 지구상에서 가장 오래된 식물 중 하나. 아프리카와 중동, 인도 등지에서 많이 자라며 인도 커리의 주재료 중 하나이다.

1. 껍질 벗기고 얇게 자른 양파를 올리브 오일을 두른 얇은 팬에 넣고, 소금과 후추로 간한다. 팬 뚜껑을 덮고 타지 않게 가끔씩 저어주며 15분 정도 서서히 볶는다.

2. 1에 분량의 터메릭가루와 말린 페누그릭, 말린 민트를 넣고 팬의 뚜껑을 연 상태로 몇 분간 더 볶는다.

3. 2에 닭 육수나 채소 스톡, 시나몬 스틱을 넣고 한소끔 끓인 다음 불을 줄이고 약 20분 정도 뭉근하게 끓인다.

4. 3에 레몬즙을 넣고 소금, 후추로 간하고 차린다. 시나몬 스틱은 건져내지 말고 그대로 둘 것을 권한다.

절친. 소피 더글라스 베이트는 새로운 음식을 구상하는 식용 식품 디자이너로는 최고의 능력을 지닌 요리사로, 우리는 함께 수년간 여행을 다니며 요리했다. 소피의 가족들은 대부분 테헤란에 살고 있었는데, 이 음식은 우리 삶에 있어 매우 중요한 수프가 되었다. 혹시라도 체중을 줄이고 싶다면 이 수프가 제격이다.

– 애플

TIPS

» 마지막에 약간의 민트와 파슬리를 다져서 넣으면 향이 더욱 좋습니다.
» 원래 애플의 레시피에는 설탕이 들어가지만(1작은술), 여기에선 넣지 않았어요.

케이의 몰타식 미네스트로네*
Kay's Minestrone Maltese

4인분 • 준비 시간 20분 • 조리 시간 30분

이 책의 공저자 케이의 부모님께서 몰타로 이사한 뒤 집 근처 들판에서 일하던 농부들과 친구가 되었는데, 그 농부들 중 한 명이 이 수프의 기본 조리법을 알려줬다고 합니다. 이 몰타식 미네스트로네 수프는 묽지 않고, 진하면서, 건더기도 많고, 풍미도 뛰어납니다.

- 올리브 오일 1~2큰술
- 다진 **양파** 1개
- 다진 **당근** 1개
- 다진 **셀러리** 1줄기
- 다진 **마늘** 2쪽
- 다진 **로즈마리** 1작은술
- **채소 스톡** 1.2L
- **토마토 통조림** 1캔(400g)
- **월계수 잎** 1장
- **파르메산 치즈 껍질**
  1조각(선택 사항)
- 물에 헹궈 수분을 제거한
  흰강낭콩(카넬리니 콩)
  통조림 1캔(400g)
- **쇼트 파스타** 80g
- **완두콩** 150g
- 굵직하게 썬 **애호박** 1개
- 질 좋은 **육두구**
- **베이컨** 또는 **라르동** 70g
  (선택 사항)
- **파르메산 치즈가루**
  (가니시용)
- **소금**, 갓 갈아놓은 **후추**

1. 넓고 바닥이 두꺼운 팬에 오일을 두르고, 약불과 중불 사이로 가열한다. 손질해놓은 분량의 양파, 당근, 셀러리, 마늘을 팬에 넣고 약 5분간 살짝 볶은 다음 로즈마리를 넣고 2분쯤 더 볶는다.

2. 1에 채소 스톡, 토마토, 월계수 잎 그리고 파르메산 치즈 껍질*(선택 사항)까지 넣고 약 5분간 끓인다. 소금과 후추로 간하고, 흰강낭콩을 넣어 약 15분간 뭉근하게 끓인다.

3. 2에 쇼트 파스타를 넣고 포장지 조리법대로 익힌다. 파스타가 익기 5분 전쯤, 나머지 채소들을 다 넣는다.

4. 마지막으로 육두구를 두어 번 갈아 넣고 잘 저어준 다음, 맛보고 간한다.

5. 다진 셀러리 잎, 파르메산 치즈가루를 뿌리고 차린다.

✓ 미네스트로네(Minestrone): 채소, 허브, 콩, 육류, 생선, 해산물 등 다양한 재료에 파스타나 쌀을 넣어 걸쭉하게 만드는 이탈리아 수프. 이탈리아에서는 파스타만큼 보편적인 요리로, 특히 겨울철 추위를 달래기 위해 따뜻하게 만들어 먹는다.

✓ 소스를 만들거나 수프를 끓일 때 파르메산 치즈 껍질을 넣으면 풍미가 더 좋아진다.

TIPS

» 미네스트로네는 한 마디로, '건더기가 많은 수프'입니다. 좋아하는 재료라면 듬뿍 넣을 수 있어요. 완두콩 대신 케일이나 근대를 400g정도 잘게 썰어 넣어도 좋습니다.

» 혹시 라르동을 넣고 싶으면 다른 팬에 따로 구워서 토핑으로 사용하면 돼요.

매리언의 렌틸콩 수프
Marion's Lentil Soup

6인분 • 준비 시간 10분 • 조리 시간 1시간 • ♣ WF GF

치킨 누들 수프가 유대인의 만병통치약이라면, 이 음식은 북부 런던 개신교의 만병통치약이라고 할 만합니다. 공저자 존의 어머니 매리언은 날씨가 추울 때나 가족 중 누가 감기에 걸렸을 때 이 음식을 만들곤 하셨답니다. 미리 많이 만들어 얼려 두었다가, 먹고 싶을 때마다 냉동고에서 꺼내 데우기만 하면 됩니다.

- 올리브 오일 1큰술
- 다진 **양파** 큰 것 1개
- 얇게 썬 **리크** 2개
- 으깬 **마늘** 1쪽
- 살코기와 지방이 골고루 섞인 다진 **훈제 베이컨** 4장
- 얇게 썬 **당근** 2개
- 얇게 썬 **샐러리** 3줄기
- 세척 후 수분을 제거한 붉은 **렌틸콩** 225g
- **육두구** 또는 **터메릭가루** ½작은술
- **닭 육수** 또는 **채소 스톡** 1.25L
- 소금, 갓 갈아놓은 **후추**

1. 넓고 깊고 바닥이 두꺼운 팬에 오일을 두르고 약불로 가열한다. 분량의 양파와 리크를 넣고 양파가 투명해질 때까지 서서히 볶는다. 양파와 리크가 익으면 마늘과 베이컨을 넣고 중불에서 약 3~4분간 더 볶는다.

2. 여기에 당근과 샐러리를 넣고, 다른 재료들과 잘 섞으며 2~3분간 더 볶는다. 마지막으로 렌틸콩을 넣어 뒤적인 다음, 육두구나 터메릭가루를 넣는다.

3. 분량의 닭 육수나 채소 스톡을 붓고 수프를 뭉근하게 끓인다. 뚜껑을 덮고 렌틸콩과 채소가 물러질 때까지 약 30~40분간 약불에서 계속 끓인다. 소금과 후추로 간하고, 수프의 부드러운 질감을 위해 블렌더로 간다.

TIPS

» 매리언은 렌틸콩 수프를 요리할 때 주로 핸드 블렌더를 수프를 조리한 팬에 직접 넣어 돌렸습니다. 만약 일반 블렌더를 사용해야 한다면, 끓는 수프가 부엌에(혹은 여러분에게) 튈 수도 있으니 수프를 블렌더에 가득 채우지 말고 갈아주세요.

» 수프를 되직하게 하고 싶으면, 당근이나 샐러리를 더 넣어 농도를 조절하세요.

리크 감자 수프
Leek & Potato Soup

4인분 · 준비 시간 20분 · 조리 시간 45분 · WF GF V

이 수프는 매우 간단하면서도, 마음을 진정시키는 데 탁월한 수프입니다. 바람 부는 겨울날에 참 잘 어울린답니다.

- 세척 후 얇게 썬 **리크** 1개 (350g 정도)
- 껍질 벗겨 큼직하게 썬 **분질감자***(남작) 350~400g 정도
- **소금** 2작은술
- **물** 1L
- **생크림** 125ml
- 다진 **이탈리아 파슬리** 1큰술
- 갓 갈아놓은 **후추**

✓ 분질 감자: 전분 함량이 높고 수분도 적어 포슬포슬한 감자로, 국내에선 남작 품종이 대표적이다.

1. 냄비에 감자와 리크가 잠길 만큼 충분히 물을 붓고 소금을 넣은 다음, 손질한 분량의 리크와 감자를 넣고 부드러워질 때까지 약 30~35분간 뭉근하게 삶는다. 감자가 다 익으면 불을 끄고, 재료가 부드러워질 때까지 핸드 블렌더로 간다.

2. 부드러워진 재료에 크림을 넣고 잘 섞은 다음, 파슬리와 후추를 넣는다. 맛을 보고 간한다. 껍질이 단단한 종류의 빵을 곁들여 낸다.

스페셜 구운 호박 수프
Roasted Pumpkin Soup with a Zing

4인분 • 준비 시간 15분 • 조리 시간 15분 • ♥ WF GF V

크림처럼 부드럽고 포근한 질감의 이 밝은 노란 빛깔 수프는 우중충한 가을날에도 기운을 북돋아 줍니다. 수프에 약간의 특별함을 더하려고, 큐민과 고수를 갈아 넣어 향을 더했어요.

- 씨 빼고 웨지 형태로 썬 **늙은 호박** 1개(약 1.25kg)
- **타임** 3~4줄기
- **올리브 오일** 2큰술
- **닭 육수**(또는 채소 스톡) 725ml
- **큐민가루** 1~2작은술
- **고수가루** 1~2작은술
- 웨지 형태로 썬 **라임** 2개 (가니시용)
- **칠리가루** 2작은술 (가니시용)
- 소금, 갓 갈아놓은 **후추**

1. 오븐을 180℃로 예열한다.

2. 바닥이 넓은 로스팅 팬에 다듬어 놓은 분량의 호박과 타임을 넣고 올리브 오일, 소금, 후추를 뿌리고 골고루 버무린다.

3. 2를 예열된 오븐에 넣고 약 45분~1시간 정도 호박이 물러질 때까지 굽는다. 사용하는 호박에 따라 크기, 수분의 함량이나 단단함 등에 차이가 있어 굽는 데 소요되는 시간이 다르므로 가끔 오븐을 열어 확인하는 것이 좋다.

4. 호박이 다 익으면 잠시 식혔다가 속살만 긁어낸다. 긁어낸 호박 속살은 사방 2cm 정도 크기로 썬다. 호박을 깨끗한 냄비로 옮기고 육수를 부은 다음, 냄비에 핸드 블렌더를 넣어 크림과 같은 질감이 되도록 간다.

5. 4에 분량의 향신료를 더하고, 약 5분간 더 끓인다. 맛을 보고 간을 보충한다.

6. 수프는 볼에 담고, 작은 접시에 웨지 형태로 썬 라임과 약간의 칠리가루를 따로 곁들여 낸다.

벨린다의 치킨 누들 수프
Belinda's Chicken Noodle Soup

4인분 · 준비 시간 10분 · 조리 시간 10분 · ♥ ♣ WF GF DF

빨리 만들 수 있으면서, 몸에도 좋은 주말 밤의 만찬!

- **닭 육수** 1L
- **닭 가슴살** 2장
- **마늘** 2쪽
- **표고버섯과 밤버섯 섞은 것** 200g
- **배추** 100g
- **고수** 넉넉하게 1줌
- **땅콩기름** 2큰술
- **쌀국수** 200g
- **간장** 3큰술
- **참기름** 2큰술

1. 냄비에 분량의 닭 육수를 붓고 뚜껑을 덮어 끓이고, 닭 가슴살은 한입 크기로 자른다.

2. 마늘은 껍질을 벗기고 얇게 편으로 썬다. 버섯도 한입 크기로 썬다. 배추와 고수는 대충 다진다.

3. 뜨겁게 가열한 웍이나 넓고 바닥이 두꺼운 팬에 분량의 땅콩기름을 두르고 연기가 나기 시작하면, 얇게 썬 마늘을 넣고 몇 초 동안만 볶다가 손질해놓은 닭 가슴살과 버섯을 추가하여, 닭 가슴살이 익을 때까지 약 5~7분간 더 볶는다. 여기에 간장과 참기름을 넣고 간이 충분히 배도록 계속 볶는다.

4. 뚜껑을 덮고 끓인 뜨거운 닭 육수에, 쌀국수와 배추를 넣고 뚜껑을 다시 덮어 약 3~4분간 더 끓인다.

5. 3의 재료를 4에 넣고 그 위에 고수를 흩뿌린 다음 바로 먹는다.

새어머니 벨린다는 상당한 능력자셨다. 친구들과 가족들이 갑자기 집에 들이닥칠 때마다(이런 일이 자주 있었다) 어마어마한 파티 음식을 만들어 그 많은 대가족을 챙기면서도, 새어머니는 자신의 박사학위와 심리학과 관련한 새로운 경력 관리를 별다른 어려움 없이 해내셨다. 이 치킨 누들 수프는 새어머니의 전매특허 만찬 요리 중 하나다.

– 헨리

TIPS

» 쌀국수는 사용하는 브랜드에 따라 수분을 더 빨아들일 수도 있어서 특정 브랜드의 경우 스톡을 더 추가해야 할 수도 있어요.

» 먹기 직전, 수프에 라임즙을 뿌리는 것도 강추!

베이컨과 뿌리채소 수프
Bacon & Root Veg Soup

4~6인분 • 준비 시간 20분 • 조리 시간 30분 • ♣ WF GF

따뜻한 겨울 지킴이자, 매일 먹을 수 있는 존의 아내 미마의 레시피입니다.

- 살코기와 지방이 골고루 섞인 **베이컨** 100g
- **양파** 큰 것 1개
- **당근** 150g
- **순무** 150g
- **점질 감자***(대서) 150g
- **파스닙** 350g
- **올리브 오일** 2큰술
- **월계수 잎** 2개
- **닭 육수** 1.5L
- 강판에 간 **체다 치즈** 또는 **파르메산 치즈** 100g
- **소금**, 갓 갈아놓은 **후추**

✓ 점질 감자: 전분 함량이 낮고 수분도 많아 부드럽고 촉촉한 감자로, 국내에서는 대서 품종이 대표적이다.

1. 베이컨은 잘게 썰고, 양파는 껍질 벗겨 잘게 다진다. 당근, 순무, 감자, 파스닙은 껍질 벗겨 사방 2cm 크기로 깍둑썰기 한다.

2. 바닥이 두꺼운 오목한 팬에 오일을 두르고 가열한 다음, 베이컨을 넣고 바삭해질 때까지 볶는다. 여기에 양파를 더해 부드러워질 때까지 더 볶는다.

3. 2에 1의 손질한 채소와 월계수 잎을 넣고 뚜껑을 덮은 후 눌어붙지 않게 가끔씩 저어주며 약 10분간 더 볶는다.

4. 채소가 얼추 익으면 분량의 닭 육수를 붓고, 채소가 완전히 부드러워질 때까지 약 15분간 푹 끓인다.

5. 소금, 후추로 간한 다음 그릇에 담고 치즈를 뿌려 낸다.

TIPS

» 채식 수프로 만들려면 베이컨 대신 마늘을, 닭 육수 대신 채소 스톡을 사용하세요.

» 남아도는 뿌리채소가 있다면 뭐든 사용해도 좋습니다. 셀러리악을 추가하거나, 파스닙 대신 사용해도 훌륭해요.

SALADS

– 샐러드 –

양파 피클을 곁들인 콩 샐러드
Bean Salad with Pickled Onions

4인분 • 준비 시간 15분 • ♥ ♣ WF GF DF V

간단하고, 신선하고, 건강하게! 양파로 피클을 만들면 생 양파의 아린 맛은 없어지고 달콤함이 더 해집니다.

- 다진 **마늘** 1쪽
- **레몬즙**과 **레몬 제스트** 레몬 1개 분량
- 다진 **이탈리아 파슬리** 1줌
- **적양파** 1개
- 잘 익은 **완숙 토마토** 2개
- **엑스트라 버진 올리브 오일** 2큰술
- **흰강낭콩 통조림** 2캔 (400g × 2개)
- 소금, 갓 갈아놓은 **후추**

1. 다진 마늘, 레몬 제스트, 다진 파슬리를 섞어 따로 둔다.
2. 적양파는 껍질을 벗겨 가능한 얇게 채 썬다. 볼에 채 썬 양파를 넣고 소금 1자밤과 레몬즙을 뿌린 다음, 5분간 간 이 배도록 둔다.
3. 토마토는 큼직하게 썰어 소금으로 간하고, 올리브 오일 과 물기를 뺀 콩과 함께 2에 넣어 풍미가 어우러지도록 잘 버무린다. 취향에 따라 간을 더해도 좋다.
4. 우리가 마법의 주스라고 부르는, 맛있는 토마토 국물이 생길 때까지 5~10분 정도 그대로 둔다.
5. 식사 준비가 되면 4에 1을 넣어 섞고, 차린다.

TIPS

» 간단한 저녁식사라면 사워도우 토스트를 곁들이면 좋아요.

» 구운 견과류나 아몬드를 뿌려 먹어도 맛있습니다.

» 파슬리 대신 다른 허브를 넣어도 좋습니다.

» 이 요리가 특별해지는 몇 가지 방법이 있습니다. 1. 양파 피클에 토마토 국물이 충분히 배도록 그대로 둘 것 2. 생 파슬리와 곱게 간 레몬, 마늘을 먹기 바로 직전에 섞을 것 3. 다양한 콩과 채소를 마음껏 조합해 볼 것.(당근이나 애호박을 강판에 갈아 넣어도 좋습니다.)

로라의 보석 샐러드
Laura's Jewelled Salad

4인분 • 준비 시간 5분 • 조리 시간 5분 • ♥ WF V

- 보리 **쿠스쿠스** 200g
- 질 좋은 **페타 치즈** 200g
- **오이** 1개
- **허브** 1다발(민트와 고수 같은 녹색 허브 섞은 것)
- **잣** 100g
- **석류알** 석류 1개 분량
- **마늘** 2쪽
- **엑스트라 버진 올리브 오일** 2큰술
- **레몬즙** 레몬 1½ 분량
- **소금**, 갓 갈아놓은 **후추**

1. 쿠스쿠스를 포장지 조리법대로 익힌 다음, 커다란 볼에 담아 식힌다.

2. 페타 치즈는 포슬포슬하게 으깨고, 오이는 씹는 맛을 느낄 수 있을 정도의 적당한 크기로 썰어서 1의 볼에 담는다. 허브는 손으로 툭툭 뜯어서 볼에 담는다.

3. 잣은 팬에서 약불로 살짝 구운 다음, 준비된 샐러드 위에 석류알과 함께 흩뿌린다.

4. 마늘은 껍질 벗기고 잘게 다지거나 강판에 간다. 마늘, 올리브 오일, 레몬즙을 섞어서 3의 샐러드 위에 뿌린다. 소금, 후추로 간하고 차린다.

서른 번째 생일의 완두콩 샐러드
Thirtieth Birthday Pea Salad

4인분 • 준비 시간 5분 • 조리 시간 10분 • ♥ ♣ WF GF DF V

- 빨강 피망 1개
- 생강 2.5cm 1조각
- 마늘 2쪽
- 대파 6줄기
- 엑스트라 버진 올리브 오일 2큰술
- 흑겨자(동양겨자)씨 1작은술
- 레드 와인 비니거 1작은술
- 냉동 완두콩 250g
- 세척 후 다진 고수 작은 1줌
- 소금, 갓 갈아놓은 후추

1. 피망은 반으로 갈라 씨를 빼고 길게 채 썬다. 생강과 마늘은 껍질 벗겨 강판에 간다. 대파는 겉껍질을 벗기고 잘 다듬어서 얇고 길게 어슷썰기 한다.

2. 팬에 올리브 오일을 두르고 중불로 가열한 다음, 흑겨자씨가 톡톡 튀어오를 때까지 볶는다. 여기에 1의 생강과 마늘을 넣고 섞는다.

3. 2에 피망을 넣고 색이 두드러질 때까지 잘 섞은 후 양파와 레드 와인 비니거를 넣는다. (이때 잠시 자글자글 끓어 오른다.)

4. 3에 냉동 완두콩을 넣고 물도 살짝 넣어 한 번씩 휘저어 가며 콩의 냉기가 가시도록 살짝만 익혀, 불을 끄고 잠시 그대로 둔다. (이 과정에서 완두콩은 익히는 게 아니라 상온까지 데우기만 하는 것.)

5. 4에 간하고, 맨 위에 다진 고수를 뿌려서 낸다.

나는 이 샐러드를 내 서른 번째 생일파티에서 친구인 사이먼, 롤리와 함께 처음 만들었다. 당시 우리는 150인분의 엄청난 양의 음식을 만들어야 했는데, 깨끗한 검정색 쓰레기봉투에 샐러드 재료를 담고 마구 버무렸다. 꽤 유용한 방법이었다.

– 헨리

구운 아몬드를 곁들인 당근과 비트
Carrots & Beetrootswith Toasted Almonds

4인분 • 준비 시간 5분 • 조리 시간 45분 • ♥ ♣ WF GF DF V

보기에도 만족스러울 뿐만 아니라, 만들기도 쉽습니다.

- 껍질 벗겨 큼직하게 썬 생 **비트** 750g
- 껍질 벗겨 막대 모양으로 썬 **당근** 750g
  (가로 6mm×세로 6mm×길이 5~6cm)
- **엑스트라 버진 올리브 오일** 4큰술
- **점성이 약한 꿀** 1½큰술
- **발사믹 비니거** 1큰술
- **아몬드 분태** 80g
- **처빌**이나 **파슬리 잎** 3큰술(선택 사항)
- **소금, 갓 갈아놓은 후추**

1. 오븐을 200℃로 예열한다.

2. 비트와 당근을 각각 별도의 오븐 트레이에 올리고 올리브 오일과 소금, 후추로 잘 버무린 후 당근에는 꿀을, 비트에는 발사믹 비니거를 뿌리고 잘 섞는다.

3. 각각의 트레이를 오븐에 넣고 당근이 익어 갈색을 띠기 시작하고 비트가 부드러워질 때까지, 약 45분간 굽는다.

4. 당근과 비트를 오븐에서 굽는 동안, 기름을 두르지 않은 마른 팬에 아몬드를 넣고 중불에서 타지 않게 덖는다. 파슬리나 처빌은 다진다.

5. 구운 채소들을 접시에 담고, 내기 직전 아몬드와 다진 파슬리 또는 처빌을 뿌린다.

엔초비와 마늘로 맛을 낸 따뜻한 감자 샐러드
Warm Anchovy, Garlic & Potato Salad

4인분 · 준비 시간 5분 · 조리 시간 20분 · ♥ WF GF DF

따뜻한 감자에 드레싱을 부으면 엄청난 효과를 볼 수 있습니다. 부드러운 감자가 드레싱의 풍미를 모조리 빨아들이기 때문이죠. 정말 맛있답니다.

- **햇감자** 800g
- **마늘** 3쪽
- **화이트 와인 비니거** 2큰술
- **엔초비 통조림** 1캔(50g)
- **엑스트라 버진 올리브 오일** 100ml
- 잘게 다진 **차이브** 1큰술
- **소금**, 갓 갈아놓은 **후추**

1. 오목한 팬에 감자가 잠길 만큼 물을 붓고 소금을 넣는다. 감자는 반으로 갈라 팬에 넣고, 뚜껑을 닫은 채로 부드러워질 때까지 삶는다.

2. 마늘과 비니거, 엔초비를 페이스트 상태가 되게 블렌더에 넣어 돌리고(블렌더를 돌리면서 엑스트라 버진 올리브 오일을 조금씩 첨가한다) 간하여 드레싱을 만든다.

3. 1의 감자를 건져 볼에 담고, 2의 드레싱을 부은 다음 잘 버무린다.

4. 약 3분 정도 식히고, 다시 한 번 재료와 드레싱을 뒤적여 버무린다. 다진 차이브를 흩뿌리고 즉시 차려낸다.

TIPS

» 감자를 푹 익힌 다음 포크를 이용하여 반으로 자릅니다. 감자의 단면에 포크 자국이 생기는데, 이 거친 면이 엔초비 드레싱을 잘 흡수해 맛을 상승시키는 꽤 유용한 방법입니다.

» 차이브는 파슬리로 대체할 수 있습니다.

» 햇감자가 없으면 점질 감자 중 어떤 것이나 사용해도 상관없어요.

» 감자가 좀 크면 껍질 벗기고 적당한 크기로 자르면 됩니다.

» 이 샐러드는 바비큐용 샐러드로도 상당히 좋은데, 아침에 만들어두었다가 먹기 전 상온(너무 차갑지 않게)으로 내면 좋아요.

슈퍼푸드 세 자매 샐러드
3 Sisters Superfood Salad

4인분 · 준비 시간 15~20분 · 조리 시간 35분 · ♥ ♣ DF V

옥수수와 콩 그리고 호박, 이 세 자매는 정말 잘 어울립니다. 신구新舊의 레시피가 조화되어 어마어마한 풍미를 자랑하는 매우 생생하고, 다채로운 색을 띤 샐러드입니다.

- 3~4cm 크기로 깍둑썰기 한 **호박** 300g
  (껍질을 벗겼을 때의 무게이므로 껍질을 벗기지 않은 상태라면 약 350g 정도)
- 깍둑썰기 한 작은 **자색 감자** 4~6개 분량
- **올리브 오일** 약간
- **옥수수** 2개
- **샐러드용 잎채소 믹스** 넉넉하게 4줌
- **콩나물 콩**(오리알태) 200g
- 껍질 벗기고 어슷썰기 한 **쪽파** 4줄기

- 2~3cm 크기로 깍둑썰기 한 **아보카도** 1개
- **석류알** 100g
- **호박씨** 1줌
- **깨소금 적당량**

[드레싱]
- **레몬즙** 2큰술, **간장**(일본간장) ½큰술
- **쌀 식초** 1큰술, 향이 진하지 않은 **올리브**
- **오일** 3큰술

1. 커다란 냄비 2개에 각각 물을 채우고, 소금을 살짝 넣고 끓인다. 냄비 하나에 썰어 놓은 호박을 넣고 부드러워질 때까지 8~10분간 뭉근하게 끓인다. 칼끝으로 찔러서 익힘 정도를 확인한다. 호박은 부드럽지만 뭉그러지지 않는 상태가 좋다. 다 익었으면 건져서 찬물에 담가 여열로 더 익는 것을 막는다. 한쪽에서 식힌다.

2. 또 다른 냄비에서 끓는 물에 자색 감자를 통으로 넣고 약 15~20분간 알맞게 익히는데, 감자의 크기에 따라 시간 차이가 생길 수 있다. 다 익었으면 건져내어 한쪽에 두고 식힌다.

3. 1, 2가 진행되는 동안 그리들 팬을 가열하고 옥수수 겉에 오일을 살짝 바른 다음, 팬에 올린다. 옥수수 전체에 먹음직스러운 그릴 자국이 나도록 뒤집어 가며 약 10분간 굽는다. 다 익었으면 불에서 내리고 한쪽에서 식힌다.

4. 드레싱 재료를 한데 섞고, 맛을 보고 간한다. 짭짤하면서 새콤하고, 감칠맛이 나야 한다.

5. 이제 옥수수를 길게 수직으로 세우고 잘 드는 칼로 알갱이들을 잘라 분리한다.

6. 잎채소를 볼 4개에 고르게 나누어 담고, 콩을 흩뿌린다.

7. 깍둑썰기 한 모든 재료, 감자, 호박, 아보카도와 쪽파, 옥수수 알갱이를 볼에 각각 담고 석류알도 4개의 볼에 고르게 나눠 흩뿌린다.

8. 드레싱을 붓고, 맨 위에 호박씨와 깨소금을 뿌린 후 바로 먹는다.

TIPS

» 세 자매 샐러드는 이대로도 좋지만, 구운 닭고
기나 생선을 더할 수도 있어요. 이렇게 차리면
6인분이 될 수 있는 양입니다.

길의 시금치, 초리조, 할루미 치즈 샐러드
Gill's Spinach, Chorizo & Halloumi Salad

4인분 • 준비 시간 15분 • 조리 시간 20분 • ♣

사실 이 샐러드는 길의 친구인 제인이 만든 요리지만, 항상 길이 샐러드를 가져다줘서 이렇게 부른답니다. 여름에 냉장고에서 흔히 볼 수 있는 재료들을 모조리 이용하는 샐러드죠.

- 세척한 어린 **시금치 잎** 넉넉하게 4줌
- **4등분한 할루미 치즈** 250g
- 다진 **마늘** 큰 것 2개
- **엑스트라 버진 올리브 오일** 4큰술
- 껍질 벗긴 **아스파라거스** 24줄기
- 얇게 썬 **초리조** 150g
- **발사믹 시럽** 4큰술
- **소금**, 갓 갈아놓은 **후추**

1. 깨끗이 씻은 어린 시금치 잎은 넓은 접시 4개에 나누어 담는다.

2. 할루미 치즈 4조각을 바닥이 평평한 그릇에 담는다. 다진 마늘, 올리브 오일을 한데 섞어 치즈 조각마다 위에 부어 몇 분 정도 마리네이드한다.

3. 그릴을 중고온으로 예열한다. 손질한 아스파라거스는 볼에 담고 올리브 오일을 살짝 뿌려 잘 버무린다. 소금 1자밤 정도로 간을 한 아스파라거스를 그릴 자국이 선명히 생기도록 뜨겁게 예열한 그릴에서 굽는다. 아스파라거스가 너무 굵으면 굽기 전에 길게 반으로 갈라도 좋다. 구운 아스파라거스를 4개의 접시에 나눠 담는다.

4. 이제 마리네이드 된 할루미 치즈를 그대로 팬에 굽는다. 겉면이 노르스름해질 때까지 구워서, 각각의 아스파라거스 위에 한 조각씩 올린다.

5. 깨끗한 팬에 기름을 살짝 두르고 초리조를 굽는다. 초리조가 익으면서 빠지는 매콤한 기름이 별미다. 겉면이 바삭해지면 4개의 접시에 초리조와 기름을 나눠 담는다.

6. 취향에 따라 약간의 올리브 오일을 더 뿌려도 되고, 소금은 살짝, 후추는 듬뿍 뿌려 마무리한 다음 각각 발사믹 시럽을 뿌려서 낸다.

고등어를 올린 샐러드
Mackerel Skies Salad

4인분(전채요리로는 6인분) · 준비 시간 15분 · ♥ ♣ WF GF DF

이 샐러드는 오메가3 지방산과 비타민C가 풍부하고, 새콤달콤한 풍미가 끝내줍니다. 금방 만들 수 있을 뿐만 아니라 색감도 좋아서, 접시 위에 해가 뜬 것처럼 보인답니다.

- 채칼로 길게 채 썬 당근 1개
- 반 갈라서 씨 빼고 길게 썬 빨강 피망 1개
- 얇게 채 썬 작은 크기의 양배추 ¼개
- 껍질 벗겨 채칼로 채 썬 작은 비트 1개
- 껍질 벗겨 작게 깍둑썰기 한 큰 오이 ½개
- 껍질 벗겨 살만 잘게 바른 훈제 고등어 200g
- 볶은 아마란스씨 1작은술

[드레싱]
- 올리브 오일 3큰술
- 오렌지즙 오렌지 큰 것 ½개 분량
- 레드 와인 비니거 3작은술
- 소금 1자밤, 갓 갈아놓은 후추

1. 손질한 모든 채소를 넓은 볼에 넣고, 드레싱 재료들은 밀폐용기에 모두 담아 흔들어 섞은 다음 채소에 붓고 잘 섞는다.

2. 취향대로 1에 고등어살을 섞거나, 위에 올린다. 볶은 아마란스씨를 맨 위에 뿌려서 마무리한다.

TIPS

» 고등어 대신 훈제 송어나 훈제 연어를 사용해도 되고, 훈제 치킨을 사용해도 좋아요.
» 케이는 가끔 이 레시피에서 생선을 빼고, 오리나 칠면조를 곁들이기도 해요.
» 견과류를 섞어도 돼요. 볶은 아마란스씨 특유의 톡톡 씹히는 식감과 향도 좋지만, 호박씨와 해바라기씨도 좋고 큼직하게 부순 호두도 잘 어울립니다.

좋은 식재료 '고등어'

오색영롱하게 빛나고 총알처럼 빠른, 더할 나위 없이 건강한 생선이며 오메가3 지방산과 비타민 B12, 셀레늄이 풍부하다. 이 글을 쓴 시점에도 고등어는 바다에서 쉽게 잡히는 생선이었다.(앞으로도 그러기를 바란다.) 무엇보다 맛있다. 훈제를 하고, 불에 익히고, 찌고, 오븐에 굽고, 심지어 날 것으로 먹어도 그 풍미가 엄청나다.

4가지 간단한 드레싱 Four Simple Dressings

타프나드 드레싱
Tapenade Dressing

100ml · 준비 시간 3분 · ♥ ♣ WF DF GF (V-엔초비 없는 타프나드를 사용한다면)

향이 강한 잎채소류나 익힌 채소의 드레싱으로는 더할 나위 없습니다.

- 타프나드* 2큰술
- 셰리 비니거 1큰술
- 엑스트라 버진 올리브 오일 5큰술
- 소금, 갓 갈아놓은 후추

1. 모든 재료를 밀폐용기에 넣는다.

2. 잘 흔들어 섞은 다음, 간한다.

✓ 타프나드(tapenade): 향미료로 맛을 낸 으깬 블랙 올리브에 엑스트라 버진 올리브 오일, 엔초비, 케이퍼 등을 더해 빵과 곁들이는 스프레드. 이 책에서는 스프레드를 드레싱으로 즐기는 방법을 소개하고 있다.

레온 하우스 드레싱
Leon House Dressing

450ml · 준비 시간 3분 · ♥ ♣ WF DF GF V

흔해빠진 양상추에 강력한 한 방을 선사합니다! 냉장고에 보관하고 드세요.

- 디종 머스타드 2큰술
- 화이트 와인 비니거 80ml
- 카놀라유 350ml
- 소금, 갓 갈아놓은 후추

1. 분량의 머스타드와 화이트 와인 비니거를 블렌더에 넣고 갈아서 잘 섞는다.

2. 블렌더를 돌리면서 카놀라유를 조금씩 넣어 드레싱이 완전히 유화되게 할 것.

3. 적당히 간한다.

발사믹 드레싱
Balsamic Dressing

75ml · 준비 시간 3분 · ♥ ♣ WF DF GF V

다진 허브를 듬뿍 넣은 간단한 채소 샐러드에 잘 어울리죠.

- **발사믹 비니거** 2큰술
  (오래 숙성하여 시럽처럼
  농도가 있으면 더 좋다)
- **엑스트라 버진 올리브
  오일** 6큰술(좋은 오일을
  사용하면 확실히 다르다)
- **소금**, 갓 갈아놓은 **후추**

1. 모든 재료를 샐러드에 바로 넣는다.
2. 후추는 듬뿍 갈아 넣고, 소금은 적당량 뿌린다.
3. 잘 버무린다.

오리엔탈 드레싱
Oriental Dressing

75ml · 준비 시간 8분 · ♥ ♣ WF DF GF V

잘게 채 썬 채소와 잘 어울립니다. 잘게 채 썬 당근이나 주키니 호박, 가늘게 채 썬 배추가 바로 떠오르네요!

- **마늘** 1쪽(큰 것)
- **생강** 1조각(1cm 정도 크기)
- **쪽파** 1줄기
- **홍고추** ½개
- **피시 소스** 1큰술
- **라임즙** 라임 ½개 분량
- **땅콩오일**(또는 향이 없는
  오일) 3큰술
- **참기름** 1큰술

1. 메이슨 자와 같은 뚜껑 있는 병을 준비하고, 강판에 마늘과 생강을 곱게 갈아서 병에 담는다.
2. 쪽파는 잘게 썰고, 고추는 씨를 빼고 잘게 다져서 병에 넣는다.
3. 피시 소스, 라임즙, 나머지 분량의 오일을 넣고 병뚜껑을 단단히 닫아 잘 흔들어 섞는다.

TIPS

» 드레싱을 조금 달콤하게
만들고 싶으면, 꿀을 약간
넣어주세요.

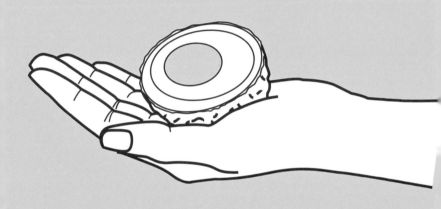

SNACKS

- 스낵 -

베니의 스카치 에그
Benny's Scotch Eggs

6인분 • 준비 시간 30분 + 식히는 시간 • 조리 시간 20분 • ♥ ♣ WF GF

베니 페베렐리는 8년 동안이나 레온 팀의 핵심 멤버였고, 그 기간 동안 많은 시간을 총괄 주방장을 지냈으며, 최고의 미식가였습니다. 우리는 그를 사랑하고, 그의 스카치 에그 또한 무척이나 사랑합니다.

- 실온에 둔 **달걀** 7개
- **흰 쌀떡**(또는 절편) 4~5조각
- **튀김용 카놀라유** 1L 정도
- **쌀가루** 125g
- **우유** 2큰술
- **밀과 글루텐 무첨가 생소시지** 6개

1. 냄비에 달걀이 잠길 만큼 물을 붓고 끓인다. 물이 끓으면 실온 상태의 달걀 6개를 깨지지 않게 조심해서 넣는다. 노른자를 부드럽게 익히려면 6분, 단단하게 익히려면 9분 동안 익힌다.

2. 달걀이 익으면 10분 동안 찬물에 담가 식힌다.

3. 껍질 전체에 금이 가도록 달걀을 살살 두드려, 부드러운 속살이 드러날 때까지 조심스럽게 껍질을 벗긴다.(껍질이 파편처럼 조금씩만 벗겨지면 그때마다 손가락에 물을 묻혀 껍질을 살살 벗겨야 한다. 그렇지 않으면 달걀 표면에 홈집이 심하게 생겨 못쓰게 된다.)

4. 겉가루를 만든다. 떡을 잘게 조각내어 푸드 프로세서에 넣고 약 1분 정도 돌려 부스러기 상태로 만든다.

5. 튀김용 팬에 카놀라유를 붓고 180℃로 가열한다.(바닥이 두꺼운 소스 팬을 이용해 중불에서 튀기는 경우도 있는데, 이럴 경우 정말 조심해야 한다.)

6. 오일이 가열되는 동안 튀김옷 입힐 준비를 한다. 볼 3개를 준비한다. 하나는 밀가루, 다른 하나는 떡 부스러기, 나머지 하나에 남은 달걀 1개를 깨트려 넣고 분량의

우유를 넣어 잘 섞는다.

7. 비닐 랩을 커다란 사각형 모양 2개로 잘라 하나는 작업대에 펼치고, 하나는 따로 보관한다.

8. 이제 날카로운 칼로 소시지 끝을 약간 잘라 손으로 소시지의 고기를 짜내어 공 모양을 만든다. 나머지 소시지도 같은 작업을 반복한다. 공 모양으로 만든 소시 지를 작업대에 펼쳐둔 비닐 랩 위에 올리고 따로 보관한 비닐 랩을 그 위에 덮은 다음, 눌러서 0.5cm 두께의 원형으로 만든다.

9. 키친타월로 껍질을 깐 삶은 달걀의 수분을 잘 닦고, 달걀 표면 전체에 밀가루를 고루 묻힌다.(소시지 고기가 달걀에 잘 붙게 하는 작업이다.)

10. 이제 작은 볼에 물을 담고, 손을 물에 적신다. 물 묻힌 손으로 9의 달걀에 얇게 편 소시지 고기를 조심스럽게 입힌다.(자연스러운 달걀 모양을 만들어 준다.)

11. 10을 밀가루에 살살 굴리고, 6의 달걀과 우유 믹스를 전체에 묻힌다. 그런 다음 떡 부스러기를 묻혀 겉에 잘 붙도록 감싼다. 나머지 달걀에도 같은 과정을 반복 한다.

12. 튀김 기름의 온도를 확인하려면 작은 빵 조각 하나를 떨구어 보면 되는데, 잔잔 한 기포가 생기면서 튀겨지면 적당한 온도에 도달한 것이다. 타공 스푼을 이용 해서 달걀을 조심스럽게 기름에 넣고, 달걀이 완전히 잠기지 않았다면 기름을 계속 끼얹으면서 약 10분간 튀긴다.(달걀이 기름에 완전히 잠기지 않았다면 한 면당 5분 씩 튀긴다.) 한 번에 달걀 3개씩만 튀길 것.

13. 다 익었으면 달걀을 건져서 키친타월에 올려 기름을 빼고, 약 10분간 식힌 후 브라운 소스를 곁들여 낸다.

애나의 치즈 엠파나다
Ana's Cheese Empanadas

작은 엠파나다 20개 • 준비 시간 30분 + 레스팅(휴지) 30분 • 조리 시간 10~15분 • V

에콰도르 출신 청소부인 애나는 영어가 능숙하지는 않지만, 특유의 웃음과 친절함 그리고 맛있는 엠파나다로 자신을 표현합니다. 엠파나다는 훌륭한 파티 음식이죠.

- 밀가루 400g
- **베이킹파우더** 2작은술
- 소금 1작은술
- **버터** 115g
- 오렌지주스 50ml
- **탄산수** 80ml
- **모차렐라 치즈** 250g
- 곱게 다지거나 강판에 간 **양파** 1개
- **백설탕** 1½~2큰술, 위에 뿌릴 설탕(선택 사항)
- **달걀물** 달걀 1개 분량
- **튀김용 식용유**

1. 푸드 프로세서에 분량의 밀가루와 베이킹파우더, 소금을 넣고 돌린다.

2. 1에 버터와 오렌지주스, 탄산수를 넣고 반죽이 될 때까지 다시 푸드 프로세서를 돌린다.

3. 작업대에 반죽을 올리고, 공 모양으로 만든 다음 비닐 랩으로 감싸 냉장고에 넣고 30분간 휴지한다.

4. 모차렐라를 강판에 갈아 볼에 담고, 여기에 양파와 설탕을 넣고 잘 섞는다.

5. 오븐을 200℃로 예열하고, 베이킹 팬에 유산지를 깔거나 기름을 골고루 바른다.

6. 반죽의 휴지가 끝났으면 비닐 랩을 벗기고, 밀가루를 뿌린 작업대에 도우를 반으로 잘라 올린다.(작은 덩어리일수록 반죽을 밀기가 더 쉽다.) 두께가 약 2mm 정도가 되도록 반죽을 밀어서 편다.

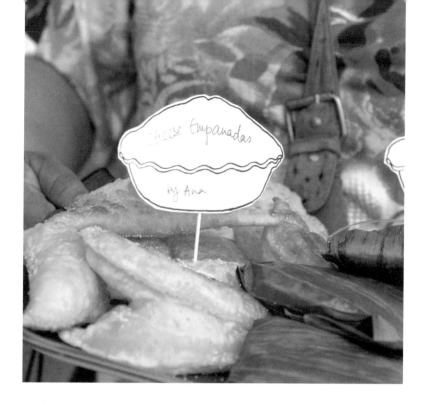

7. 지름 9~10cm의 커터를 이용해서 도우를 원형으로 자른다. 4의 미리 만들어 둔 치즈필링 1작은술을 원형으로 자른 도우 가운데에 올리고, 반으로 접어 반달 모양을 만든 다음 포크 끝으로 가장자리를 눌러 여며 엠파나다를 만든다. 확실하게 여몄는지 확인할 것. 이 작업이 제대로 되지 않았을 경우 조리 과정에서 치즈 필링이 흘러나오기 때문이다.

8. 조리용 붓으로 7의 엠파나다 겉면에 달걀물을 바르고, 추가로 달콤한 맛을 첨가한다면 각각의 엠파나다 위에 설탕을 조금씩 뿌린다. 베이킹 팬에 올리고 노릇노릇해질 때까지 예열해둔 오븐에서 10~15분간 굽는다. 식힘망에서 식힌다.

9. 엠파나다를 오븐에 굽지 않고, 튀겨서 만들기 원한다면 소스 팬이나 튀김 팬에 3~4cm 높이로 식용유를 붓고 불에 올린다. 기름이 충분히 뜨거워지면 엠파나다가 노릇노릇해질 때까지 튀긴 다음, 내기 전 위에 설탕을 뿌린다.

감자에 올릴 토핑들
Things on Spuds

4인분 · 준비 시간 5분 · 조리 시간 1시간 · ♥ ♣ WF GF DF V

때로는 버터가 절로 당기는, 겉은 바삭하고 속은 촉촉해 뜨거운 김이 피어오르는 오븐 구이 감자보다 더 좋은 건 없죠. 그런데 더 맛있게 먹을 순 없을까요? 최고의 오븐 구이 감자를 위한 몇 가지 토핑들을 제안합니다.

1. 감자를 고르는 것이 가장 중요하며 오븐 구이에 적합한 분질 감자를 사용하는 것이 좋다.

2. 오븐을 220℃로 예열한다.

3. 감자가 다 익으면 흐르는 찬물에 씻는다. 감자를 털어서 남아있는 물기를 없애는데, 완전히 말리지는 않는다.

4. 감자 표면에 소금을 살짝 묻힌다.

5. 그대로 오븐 속에 다시 넣어 1시간 정도 굽는데, 감자의 크기에 따라 시간은 조금씩 가감해준다. 꼬챙이로 찔러 익힘 정도를 확인하면 된다.

6. 겉은 바삭하고 속은 촉촉한 오븐 구이 감자 완성! 이 맛에 감탄하지 않을 사람은 없으리라!

다음은 토핑에 관한 몇 가지 아이디어입니다.

조지아의 달걀 감자

익힌 감자는 속만 파내 볼에 담는다. 여기에 달걀을 풀어 감자와 함께 섞으며 으깬다. 소금과 후추로 간한다. 바삭한 베이컨 조각(혹은 여분의 햄)과 좋아하는 치즈나 구운 채소 조각들을 넣어 섞고, 속을 파낸 감자 외피에 다시 채워 넣은 후 위에 버터를 조금 올린다. 속이 살짝 부풀고 표면이 바삭해질 때까지 오븐에서 15분 정도 굽는다.

치즈로 맛을 낸 시금치와 버섯

우리 팀의 채식주의자인 애비와 이지를 위한 토핑. 얇게 편으로 썬 버섯을 마늘, 파슬리와 함께 올리브 오일 등에 볶아 준비한다. 같은 팬에 2줌 정도의 시금치를 살짝 볶아 숨을 죽인다. 소금과 후추로 간한다. 시금치는 버섯과 함께 감자 위에 수북하게 올리고, 채식주의자용 치즈 몇 조각을 맨 위에 올린다.

엘레노어의 주빈테이블

엘레노어는 존의 어린 딸이다. 엘레노어가 1학년인 어느 날 학교 측의 배려로 하인리히 부부와 함께 주빈테이블에 앉을 수 있었다. 아이가 가장 좋아하는 토핑인 넉넉한 버터와 체다 치즈를 갈아 얹어 소금과 후추로 간한 감자 구이가 테이블에 준비되어 있었다. 이제 우리는 이 감자를 '탑(top)'이라고 부른다.

비트, 크렘 프레슈와 차이브

익힌 비트를(피클 말고) 주사위 모양으로 잘게 썬다. 버터를 바른 감자에 크렘 프레슈를 적당히 떠서 얹는다. 그 위에 자른 비트를 흩뿌리고, 다진 차이브와 소금과 후추로 마무리한다.

허브 버터

좀 구식이긴 하지만 맛은 최고다. 기호에 맞게 허브 버터를 만들면 된다. 우리는 주로 잘게 다진 파슬리, 마늘, 타임 그리고 소금과 후추로 간해서 무염버터와 섞는다. 시간이 좀 넉넉하면 부드러운 상태의 버터를 비닐 랩으로 말아 소시지 모양으로 만들어서 냉장고에 보관할 것. 그러면 둥글게 몇 조각 잘라 김이 올라오는 감자의 갈라진 틈에 넣기만 해도 꽤 솜씨 있어 보인다.

남은 음식과 감자의 조화

오븐 구이 감자는 먹다 남은 그 어떤 음식들과도 잘 어울린다.(사실 오리요리는 남겼다 먹는 게 더 맛있다.) 그러니 남은 음식이 있다면 그걸로 다양한 토핑을 만들어 다 먹어치우자.

THE
LEFTOVER
SPUD

아더가 가장 좋아하는 오리와 양상추 쌈
Arthur's Favourite Duck & Lettuce Wraps

4인분(어린이) • 준비 시간 5분 • 조리 시간 25분 • WF GF DF

아이들이 만드는 과정 일부를 도울 수 있는, 건강하고 재미있는 요리입니다.

- 오이 1개
- 미니 로메인 2포기
- 오리 가슴살 1개
- 올리브 오일
- 중국 매실 소스 적당량
- 소금, 갓 갈아놓은 후추

1. 오븐을 190℃로 예열하고, 오이를 가로 6mm, 세로 6mm, 길이 5~6cm의 막대 모양으로 썰어 볼에 담는다. 다른 볼에 미니 로메인을 한 장씩 뜯어서 담는다.

2. 오리 가슴살에 간하고, 올리브 오일을 살짝 뿌려 껍질이 바삭해질 때까지 오븐에 25분간 굽는다. 포크 2개를 이용해 다 익은 고기를 잘게 찢는다.

3. 아이들에게 상추에 잘게 찢은 오리 가슴살과 오이를 넣고 말아 쌈을 만들게 하고, 매실 소스를 별도의 작은 그릇에 담아 함께 낸다.

피시 핑거 랩 Fish Finger Wrap

2인분 • 준비 시간 10분 • 조리 시간 20분 • ♥ ♣

아이들이라면 무조건 좋아하는 것들이 속 재료로 들어간 핑거 랩!

- **피시 핑거*** 4개
- **플랫 브레드** 2장
  (토르티야, 난, 피타 브레드 등
  기호에 맞는 플랫 브레드)
- **타르타르 소스** 2큰술
- 얇게 썬 **게르킨 오이
  피클** 4~6개
- 채 썬 **로메인** 적당량
- 다진 **딜** 1자밤
- **레몬주스** 레몬 1개 분량
- **소금**, 갓 갈아놓은 **후추**

1. 피시 핑거를 데우고, 플랫 브레드를 포장지의 조리법대로 데운다.
2. 따뜻한 플랫 브레드 위에 타르타르 소스를 펴 바르고, 얇게 썬 오이 피클 몇 조각을 올린다. 채 썬 양상추를 적당량 올리고, 그 위에 바삭한 피시 핑거를 놓는다. 다진 딜을 약간 뿌리고 소금과 후추로 간한 다음, 레몬즙을 짜 넣어 마무리한다. 돌돌 말아서 먹는다.

✓ 피시 핑거(fish finger): 생선살을 막대 모양으로 잘라 튀김옷을 입혀 튀긴 것. 보통 냉동 포장으로 판매한다.

레온의 할루미 랩 Leon's Halloumi Wrap

2인분 • 준비 시간 10분 • 조리 시간 6분 • ♥ ♣ V

이 요리는 우리 메뉴에 올라 한동안 인기 있었던 그 랩입니다. 이제 부활시킬 때가 됐을까요?

- **망고 처트니** 2큰술
- **글루텐 프리 플랫 브레드**
  2장(또는 토르티야, 난, 피타
  브레드 등 기호에 맞는 플랫
  브레드)
- **할루미 치즈**(할루미 치즈를
  편으로 썰어 으깬 마늘, 타
  임과 함께 올리브 오일에 절
  인 것) 200g
- 채 썬 **당근** 2개
- 다진 **이탈리아 파슬리**
  2큰술
- **소금**, 갓 갈아놓은 **후추**

1. 기호에 따라 고른 망고 처트니를 플랫 브레드 위에 얇게 펴 바른다.
2. 할루미 치즈는 양면을 노릇노릇하게 약 3분간 굽는다.
3. 할루미 치즈를 절반씩 플랫 브레드(빵은 데워도 좋다)에 올린다. 당근과 파슬리도 함께 넣고 후추를 갈아 뿌린다. 필요하면 소금 약간으로 간하고, 돌돌 말아서 먹는다.

토스트에 올릴 토핑들
Things on Toast

4인분 • 준비 시간 15분 • 조리 시간 10분 • ♥ • ♣ WF GF DF V

생각만으로도 군침 도는 토스트. 가끔은 좀 색다르게 만들어 먹어도 좋지 않을까요? 레온 팀이 근사한 토스트 토핑 몇 가지를 제안합니다.

브라운 크랩, 레몬과 딜

토스트 위에 브라운 크랩의 살을 펴 바르고, 레몬즙을 살짝 짜서 뿌린다. 갓 갈아놓은 후추와 딜을 다져 뿌리고, 마무리.

마마이트, 아보카도, 토마토, 바질, 깨소금

케이가 가장 좋아하는 토스트. 토스트 위에 무염버터를 펴 바르고, 그 위에 다시 마마이트*를 바른다. 위에 얇게 썬 아보카도와 반으로 가른 방울토마토를 올리고, 바질 잎을 약간 흩뿌린다. 갓 갈아놓은 후추와 깨소금으로 마무리.

✓ 마마이트(Marmite): 영국인이 주로 빵에 발라 먹는 이스트 추출물로 만든 스프레드. 진한 갈색에 점성이 강해 끈적끈적하고 강한 향기가 나며, 아주 짠 것이 특징.

무화과 잼 위에 올린 그랙 농장의 올미트 소시지

그릴이나 오븐에서 소시지를 굽는다. 토스트에 무화과 잼을 두껍게 펴 바르고, 구운 소시지를 길게 반으로 갈라 토스트 위에 올려 마무리.

수란과 버섯볶음

버섯은 얇게 썰어 올리브 오일, 마늘 조금과 함께 볶아 타임 잎이나 다진 파슬리를 흩뿌린다. 따뜻한 채로 한쪽에 두고, 수란을 만든다. 토스트에 버섯볶음을 듬뿍 올리고 그 위에 수란을 올려 마무리.

고트 치즈, 꿀, 타임, 호두

고트 치즈를 통으로 얇게 잘라 토스트 1장마다 치즈를 2~3조각씩 겹쳐서 올린다. 치즈가 살짝 녹게 뜨거운 그릴에서 1분 정도 굽는다. 꿀을 뿌리고, 다진 호두와 타임으로 마무리.

시나몬 버터와 얇게 썬 사과

실온에 두어 부드러운 상태의 버터 적당량과 시나몬가루 1자밤, 아가베 시럽을 섞어서 토스트에 펴 바른다. 그 위에 얇게 썬 사과를 올리고 마지막으로 시나몬가루를 한 번 더 흩뿌려 마무리.

후무스 Hummus

4~6인분 • 준비 시간 10분 • ♥ ♣ WF GF V

누구나 좋아하는 후무스, 이제 홈 메이드로 만들어봅시다. 물론 첨가제는 뺍니다.

- **병아리콩 통조림** 1캔
  (400g짜리)
- 껍질 벗긴 **마늘** 1~2쪽
- **타히니**(참깨 페이스트)
  2큰술
- **올리브 오일** 2큰술
- **물** 6큰술
- **레몬즙** 레몬 ½개 분량
- **소금** 넉넉하게 1자밤
- **엑스트라 버진 올리브
  오일** 약간
- **수막가루와 큐민가루**
  (선택 사항)

1. 엑스트라 버진 올리브 오일을 제외한 모든 재료와 수막 가루 또는 큐민가루를 푸드 프로세서에 넣고 부드러워질 때까지 돌린다. 맛을 보고, 간한다. (병아리콩은 통조림 보존 액을 따라내고 건더기만 쓴다.)

2. 그릇에 담아 엑스트라 버진 올리브 오일을 살짝 뿌려 낸 다. 기호에 따라 수막가루나 큐민가루를 위에 흩뿌린다.

렌틸콩 마살라 딥 Lentil Masala Dip

4~6인분 • 준비 시간 5분 + 식히는 시간 • 조리 시간 10~20분 • ♥ ♣ WF GF V

자꾸만 먹고 싶은 향긋한 커리의 풍미!

- 붉은 **렌틸콩** 140g
- **마드라스 커리 파우더***
  1작은술
- **생강가루** 1자밤
- 다진 **고수** 작은 1줌
- **소금**, 갓 갈아놓은 **후추**

✓ 마드라스 커리 파우더
(Madras curry powder):
매운 맛이 강한 붉은 색의
향신료 믹스.

1. 렌틸콩은 흐르는 물에 깨끗하게 씻는다. 렌틸콩을 냄비 에 넣고, 콩이 잠길 만큼 찬물을 가득 붓고 불에 올린다.

2. 물이 끓어오르면 불을 줄여 15분간 뭉근하게 끓이거나, 포장지의 조리법대로 익혀서 건진 다음 식힌다.

3. 렌틸콩이 식으면 커리 파우더, 생강가루, 소금, 후추와 함 께 푸드 프로세서에 넣어 간다. 맛을 보고 간한 다음, 다 진 고수를 넣어 섞고 차린다.

짜릿한 맛의 치즈 딥 Tangy Cheese Dip (Cheez Whiz)

4인분 · 준비 시간 10분 · ♥ ♣ WF GF V

코티지 치즈는 다이어트용 과일 요리에만 들어가는 게 아니랍니다.

- **코티지 치즈** 400g
- 껍질 벗겨 잘게 다진 **마늘** 1쪽
- **우스터셔 소스** 1큰술
- **토마토케첩** 1작은술
- **타바스코 소스** ½ 작은술
- 갓 짜낸 **라임즙** 또는 **레몬즙**

- 다진 **차이브** 1큰술
- 씨 빼고 다진 **방울토마토** 4개
- 다진 **고수** 작은 1줌
- 씨 빼고 잘게 썬 **홍고추** 큰 것 1개(선택 사항)
- **소금**, 갓 갈아놓은 **후추**

1. 차이브, 고수, 홍고추를 제외한 나머지 재료들을 푸드 프로세서에 넣고 돌린다. 맛을 보고 간을 조절하는데, 살짝 매콤하게 하거나 더 산뜻한 맛이 나게 하거나 약간 달콤하게 할 수도 있다. 어느 것이든 원하는 대로.

2. 그릇에 담고 차이브와 토마토를 올려 살짝 뒤적여 섞는다. 맨 위에 다진 고수와 잘게 썬 홍고추를 흩뿌린다.

케이의 과카몰리 Kay's Guacamole

4인분 · 준비 시간 10분 · ♥ ♣ WF GF DF V

케이의 과카몰리는 진한 풍미에 깔끔한 맛도 일품이지만, 무엇보다 건강에 좋답니다.

- 껍질 벗긴 **마늘** 1쪽
- 껍질 벗겨 속살을 파낸 잘 익은 **아보카도** 2개
- **라임즙** 라임 ½개 분량
- 껍질 벗겨 다듬은 **쪽파** 2줄기

- 잘게 다진 **고수** 작은 1줌
- 씨 빼고 잘게 다진 **세라노 고추**나 **할라페뇨** ½~1개(선택 사항)
- 얇게 썬 **방울토마토** 4개
- **소금** 조금

1. 커다란 절구와 공이 혹은 멕시코 돌절구인 몰카혜테를 이용해서 마늘을 곱게 빻은 다음, 거기에 아보카도를 넣고 함께 으깬다. 라임즙도 넣는다.
2. 1에 다진 마늘과 다진 고수를 넣고 잘 섞는다. 이 상태에서 다진 고추와 토마토를 추가로 섞어도 된다. 소금으로 간한다.

오븐 구이 당근과 큐민 딥 Roasted Carrot & Cumin Dip

4~6인분 · 준비 시간 10분 · 조리 시간 50분 ♥ WF GF DF V

몸에 좋고, 간단하게 만들 수 있으며, 먹음직스러운 오렌지 빛깔의 음식입니다.

- 굵게 다진 **당근** 700g
- **올리브 오일** 3큰술
- **설탕** 1자밤
- **큐민가루** 1작은술
- 껍질 벗겨서 대충 으깬 **마늘** 1쪽
- **물** 2큰술
- **소금**, 갓 갈아놓은 **후추**

1. 오븐을 200℃로 예열한다.
2. 로스팅 트레이에 올리브 오일, 설탕(단맛을 원한다면)과 함께 잘 버무린 당근을 올리고, 소금과 후추도 넉넉하게 뿌린다.
3. 2를 포일로 덮어 칼로 찔렀을 때 부드럽게 당근을 통과할 수 있을 정도로 무르게 40~45분간 굽는다.
4. 오븐에서 꺼내서 살짝 식힌다.
5. 당근이 식으면 푸드 프로세서나 블렌더에 큐민, 마늘, 올리브 오일 2큰술, 물 2큰술을 넣고 완전히 크림 상태가 될 때까지 간다. 실온이 가장 맛있다.

단위 환산표

액체

15 ml	½ fl oz
25 ml	1 fl oz
50 ml	2 fl oz
75 ml	3 fl oz
100ml	3½ fl oz
125 ml	4 fl oz
150 ml	¼ pint
175 ml	6 fl oz
200 ml	7 fl oz
250 ml	8 fl oz
275 ml	9 fl oz
300 ml	½ pint
325 ml	11 fl oz
350 ml	12 fl oz
375 ml	13 fl oz
400 ml	14 fl oz
450 ml	¾ pint
475 ml	16 fl oz
500 ml	17 fl oz
575 ml	18 fl oz
600 ml	1 pint
750 ml	1¼ pints
900 ml	1½ pints
1 litre	1¾ pints
1.2 litres	2 pints
1.5 litres	2 ½ pints
1.8 litres	3 pints
2 litres	3½ pints
2.5 litres	4 pints
3.6 litres	6 pints

무게

5 g	¼ oz
15 g	½ oz
20 g	¾ oz
25 g	1 oz
50 g	2 oz
75 g	3 oz
125 g	4 oz
150 g	5 oz
175 g	6 oz
200 g	7 oz
250 g	8 oz
275 g	9 oz
300 g	10 oz
325 g	11 oz
375 g	12 oz
400 g	13 oz
425 g	14 oz
475 g	15 oz
500 g	1 lb
625 g	1¼ lb
750 g	1½ lb
875 g	1¾ lb
1 kg	2 lb
1.25 kg	2½ lb
1.5 kg	3 lb
1.75 kg	3½ lb
2 kg	4 lb

» 파인트(pint): 액량 및 건량의 단위. 영국에서는 0.568L, 미국에서는 0.473L. 8파인트가 1갤런.

» 온스(oz, fl oz - 액량 온스): 영국에서는 20분의 1, 미국에서는 16분의 1파인트(pint)에 해당하는 액체의 양.

» 파운드(lb): 무게를 재는 단위 약 454그램 정도의 양.

길이

5 mm	¼ inch
1 cm	½ inch
1.5 cm	¾ inch
2.5 cm	1 inch
5 cm	2 inches
7 cm	3 inches
10 cm	4 inches
12 cm	5 inches
15 cm	6 inches
18 cm	7 inches
20 cm	8 inches
23 cm	9 inches
25 cm	10 inches
28 cm	11 inches
30 cm	12 inches
33 cm	13 inches

오븐 온도

110℃	(225°F)	Gas Mark ¼
120℃	(250°F)	Gas Mark ½
140℃	(275°F)	Gas Mark 1
150℃	(300°F)	Gas Mark 2
160℃	(325°F)	Gas Mark 3
180℃	(350°F)	Gas Mark 4
190℃	(375°F)	Gas Mark 5
200℃	(400°F)	Gas Mark 6
220℃	(425°F)	Gas Mark 7
230℃	(450°F)	Gas Mark 8

다른 방식의 오븐 사용하기

이 책에 있는 모든 레시피들은 팬(컨벡션 오븐의 열대류용 송풍팬)이 없는 구형 오븐에서 테스트를 거쳐 완성했습니다. 만약 팬이 장착된 오븐을 사용한다면, 레시피에 명시된 온도에서 20℃ 정도 낮게 설정해야 합니다.

팬이 장착된 현대식 오븐들은 오븐 전체에 열기를 매우 효과적으로 순환시키기 때문에 오븐의 어느 자리에 재료를 넣고 조리할지, 위치 선정에 신경 쓸 필요가 없습니다.

여러분이 어떤 형태의 오븐을 사용하든지 간에, 오븐은 저마다의 특성이 있다는 것을 알게 될 거예요. 따라서 어떠한 오븐 요리 레시피라도 지나치게 얽매일 필요는 없습니다. 오븐의 작동 원리를 이해하고, 그때그때 변수들을 조절하면 된다는 것만 명심하길.

일러두기

특별한 지시사항이 없다면, 이 책의 모든 레시피에는 중간 크기의 달걀을 사용했습니다.

우리는 이 책에 기재된 모든 준비 시간과 조리 시간의 정확도를 기하기 위해 최선을 다했지만, 책에 명시한 시간들은 우리가 테스트를 진행하는 동안의 시간에 기초한 추정일 뿐입니다. 불변의 진리가 아니라, 그저 길잡이일 뿐입니다.

또한 이 책에서 다루는 모든 음식에 대한 정보들을 자료화하는데 주의를 기울였습니다. 하지만 우리는 과학자가 아닙니다. 따라서 우리의 음식에 대한 정보와 영양에 대한 충고들은 절대적이지 않습니다. 혹시 영양에 대한 전문적인 상담이 필요하다고 느낀다면 의사와 상의하십시오.

♥	포화지방 낮음	GF	글루텐 프리
♣	혈당(GI) 지수 낮음	DF	유제품 프리
WF	밀 프리	V	베지테리언

레시피 찾아보기

주석 찾아보기

✓ 마드라스 커리 파우더 (Madras curry powder): 매운 맛이 강한 붉은 색의 향신료 믹스. ● 57

✓ 마마이트(Marmite: 영국인이 주로 빵에 발라 먹는 이스트 추출물로 만든 스프레드. 진한 갈색에 점성이 강해 끈적끈적하고 강한 향기가 나며, 아주 짠 것이 특징. ● 54

✓ 미네스트로네(Minestrone): 채소, 허브, 콩, 육류, 생선, 해산물 등 다양한 재료에 파스타나 쌀을 넣어 걸쭉하게 만드는 이탈리아 수프. 이탈리아에서는 파스타만큼 보편적인 요리로, 특히 겨울철 추위를 달래기 위해 따뜻하게 만들어 먹는다. ● 13

✓ 분질 감자: 전분 함량이 높고 수분도 적어 포슬포슬한 감자로, 국내에선 남작 품종이 대표적이다. ● 18

✓ 점질 감자: 전분 함량이 낮고 수분도 많아 부드럽고 촉촉한 감자로, 국내에서는 대서 품종이 대표적이다. ●23

✓ 타프나드(tapenade): 향미료로 맛을 낸 으깬 블랙 올리브에 엑스트라 버진 올리브 오일, 엔초비, 케이퍼 등을 더해 빵과 곁들이는 스프레드. 이 책에서는 스프레드를 드레싱으로 즐기는 방법을 소개하고 있다. ● 40

✓ 페누그릭(Fenugreek) : 호로파 씨앗. 고대부터 살아온 콩과의 식물로 지구상에서 가장 오래된 식물 중 하나. 아프리카와 중동, 인도 등지에서 많이 자라며 인도 커리의 주재료 중 하나이다. ●10

✓ 피시 핑거(fish finger): 생선살을 막대 모양으로 잘라 튀김옷을 입혀 튀긴 것. 보통 냉동 포장으로 판매한다. ●53

Little Leon: Soups, Salads & Snacks

First published in Great Britain in 2013
By Conran Octopus Limited, a part of
Octopus Publishing Group, Carmelite House,
50 Victoria Embankment, London EC4Y 0DZ
Text copyright © Leon Restaurants Ltd 2013
Design and layout copyright © Conran
Octopus Ltd 2013
Illustrations copyright ©Anita Mangan 2013
Special photography copyright ©Georgia
Glynn Smith 2013
All rights reserved.
Korean translation copyright © Bookdream 2022
This edition is published by arrangement with
Octopus Publishing Group Ltd through
KidsMind Agency, Korea.

리틀 레온❸

수프와 샐러드 그리고 스낵
자연식 패스트푸드 레시피

초판 1쇄 발행 2018년 12월 24일 | 5쇄 발행 2022년 9월 15일
지은이 헨리 딤블비·케이 플런켓 호그·클레어 탁·존 빈센트 | 옮긴이 Fabio(배재환)
펴낸이 이수정 | 펴낸곳 북드림 | 마케팅 이운섭 | 등록 제2020-000127호
전화 02-463-6613 | 팩스 070-5110-1274 | 도서 문의 및 출간 제안 suzie30@hanmail.net
ISBN 979-11-960352-0-4(14590)

※잘못된 책은 구입처에서 교환해 드립니다.

리틀 레온 시리즈 전면 컬러/64쪽/양장본
❶ 아침식사와 브런치 | ❷ 런치박스 | ❸ 수프와 샐러드 그리고 스낵 | ❹ 한 냄비요리